PRÉCIS
D'UNE
NOUVELLE MÉTHODE

Pour réduire à de simples procédés analytiques la démonstration des principaux Théorêmes de la Géométrie, & la dégager des figures & constructions qu'on y a employées jusqu'à présent.

PAR J. G. C...

PRIX TROIS LIVRES.

A PARIS,
De l'Imprimerie du JOURNAL DE PARIS, rue J.-J. Rousseau, n°. 14.

AN VI DE LA RÉPUBLIQUE.

M. Lalande de l'Inst. National de la part de l'auteur.

INTRODUCTION.

Les limites des connoiſſances humaines ſont encore inconnues ; on ignore juſqu'à quel degré de perfection elles pourront un jour parvenir, & quelle eſt la ſomme des réſultats poſſibles qui ſeule peut faire une ſcience complette de chaque branche de nos connoiſſances.

Les réſultats actuels qui ſont donnés par nos ſciences, ſont d'ailleurs encore fort éloignés de préſenter l'eſpèce de certitude dont ces ſciences ſont ſuſceptibles ; cette certitude loin d'être abſolue, n'eſt en général qu'une probabilité morale, dont on peut aſſigner l'intenſité pour chaque eſpèce de connoiſſances, d'après la nature même des objets ſur leſquels elles portent.

Tant que nos idées ſont produites par les objets qui ſont hors de nous, elles ne préſentent, en effet, qu'un degré de probabilité très-limitée ; toutes les ſciences que produiſent ces idées & leurs combinaiſons, ſont donc elles-mêmes bien loin de la certitude abſolue.

Mais l'eſprit peut dans pluſieurs circonſtances, & par une faculté particulière, iſoler les idées des objets qui leur ont donné naiſſance, & ces idées n'exiſtent plus, alors, que par la réflexion, & indépendamment de tout accident étranger.

Réduites à cet état d'abſtraction, les idées pourront auſſi par leurs combinaiſons, fournir des réſultats de même nature; ceux-ci ſont alors l'objet des ſciences particulières, que pour cette raiſon on a nommées ſciences *abſtraites, & qui préſentèrent elles-mêmes un degré de certitude toujours ſubordonné à celle des idées élémentaires qui en ſont la baſe.*

Il eſt évident que ces idées élémentaires jouiront d'une certitude abſolue, ſi elles ne ſont que la ſimple définition poſſible d'une choſe, ou plus ſimplement, d'une quantité que l'eſprit conçoive exiſter d'une manière quelconque.

Ces idées élémentaires ainſi réduites à l'état de

pures définitions, donneront pas leurs combinaisons, divers résultats qui ne seront, à proprement parler que les définitions elles-mêmes, présentées sous une nouvelle face que l'esprit n'avoit d'abord pu saisir; & ces résultats jouiront tous de la même certitude absolue; c'est l'avantage des Mathématiques pures.

Etant donnée une quantité qu'on suppose exister d'une manière quelconque, l'objet de ces sciences est de déterminer ses rapports avec les quantités dont elle est composée, & celles du même ordre avec lesquelles elle peut être combinée.

Or, on pourra toujours déduire ces rapports, en isolant toutes les parties de la définition élémentaire; déduisant successivement de chacune ses résultats les plus simples, & les combinant entre eux pour en déduire les plus compliqués. C'est la méthode synthétique.

On pourra aussi réunir tous les rapports que peut fournir la définition élémentaire, & les exprimer alors par la formule la plus générale qui puiſſe leur convenir, & qui les contiendra tous. Limitant enſuite cette formule générale, par chaque condition de la queſtion, on la réduira ſucceſſivement à des rapports plus ſimples, & on obtiendra ainſi toutes les conſéquences de la définition élémentaire. C'eſt la méthode analytique.

Ces deux méthodes donneront les mêmes réſultats, mais dans un ordre renverſé. La Synthèſe en ſuivant une route plus naturelle, mais toujours incertaine, donnera partiellement chaque théorème L'Analyſe les comprendra tous dans ſa marche générale; & de plus elle aura cet avantage, qu'on pourra toujours, par des conſidérations particulières, l'aſſujétir à des procédés uniformes.

C'eſt ſur-tout en liſant les ouvrages des Géomètres modernes, qu'on doit admirer les reſſources de l'Analyſe, & ſon étonnante fécondité.

Cette ſimple conſidération que dans la méchanique le temps doit néceſſairement entrer comme une quatrième variable, & qu'ainſi les trois coordonnées qui déterminent la poſition d'un point dans l'eſpace, en ſont toujours une fonction quelconque, a fourni, dans un ouvrage récent, les diverſes eſpèces de mouvement connus, & les formules générales qui s'y rapportent. Ce ſeul exemple prouve combien l'analyſe des fonctions, peut ſimplifier & étendre toutes les parties des Mathématiques.

Mais quoiqu'on ait réduit à des méthodes analytiques preſque toutes les parties de cette ſcience, cependant on n'avoit pas encore eu l'idée d'employer l'analyſe à la démonſtration des principaux théorèmes de la Géométrie élémentaires; ils ſembloient, en effet, par leur nature & par l'uſage, appartenir eſſentiellement à la Synthèſe.

J'ai eſſayé de démontrer, dans cet Ouvrage, que cette méthode peut être employée avec avantage pour la démonſtration de ces élémens eux-mêmes, en déduiſant de la ſimple formule générale qui doit exiſter toujours entre les quantités qui compoſent un triangle quelconque, toutes les propriétés de ces figures, & celles de la ligne droite

& des lignes courbes qui ſont l'objet de la Géométrie.

Comme cette méthode eſt uniquement fondée ſur le rapport qui doit exiſter entre des quantités qu'on ſuppoſe être liées entre elles d'une certaine manière, elle n'exige ni figures ni conſtruction; les élémens de la Géométrie dégagés de ces procédés qui leur ſont en quelque ſorte étrangers, deviennent donc une branche particulière de l'Analyſe.

Je me ſuis contenté, au ſurplus, d'indiquer les principaux réſultats, & je ne doute pas que ceux-là mêmes n'euſſent pu l'être d'une manière plus générale & plus ſimple. Je m'eſtimerai heureux ſi ayant fixé l'attention ſur cette nouvelle méthode, d'autres lui donnent toute la ſimplicité & la généralité dont elle eſt ſuſceptible.

PRÉCIS

PRÉCIS
D'UNE
NOUVELLE MÉTHODE, &c.

1. Les théorêmes des Mathématiques ne ſont, en général, que les conſéquences plus ou moins directes d'une première définition qui en eſt la baſe ; les conſéquences les plus ſimples de cette définition donnent les théorêmes élémentaires, & ces premiers réſultats liés entre eux mènent à d'autres plus compliqués.

2. Mais comme on peut différemment enviſager cette première définition, & comme il y a pluſieurs moyens de lier entre eux ſes réſultats les plus directs, il doit y avoir, & il y a en effet pluſieurs démonſtrations d'un même théorême ; & ces démonſtrations ſont d'autant plus nombreuſes, que le théorême eſt plus compliqué & plus éloigné de la définition élémentaire qui lui ſert de baſe.

3. Quoique chaque méthode ait également l'avantage de mener au but, on doit donner la préférence aux méthodes générales qui, réuniſſant ſous un même point de vue les vérités du même ordre, ſont auſſi les plus directes, non pour quelques-unes en particulier, mais pour toutes en général.

4. L'analyſe réunit à ce double avantage, celui de fournir

B

une marche constante & méchanique pour la chaîne des raisonnemens intermédiaires qui conduisent d'un résultat à l'autre.

5. Aussi est-ce aux méthodes analytiques que les Mathématiques doivent leurs progrès depuis un siècle, & leur perfection peut seule en reculer les limites.

6. On ne trouve dans la *Méchanique Analytique* du cit. Lagrange, ni figures ni constructions géométriques; mais seulement des opérations algébriques assujéties à une marche régulière & constante; ainsi depuis ce grand ouvrage, qui doit seul immortaliser notre siècle, la méchanique n'est plus qu'une branche particulière de l'analyse.

7. La Géométrie élémentaire elle-meme est susceptible d'une marche analytique, & aux méthodes de démonstration qu'on y a employées jusqu'à présent, on peut substituer les équations résultantes du rapport des quantités qu'on y considère.

8. On trouve la première idée de cette méthode dans un Mémoire imprimé dans le second volume de ceux de Turin; le cit. Legendre l'a depuis appliquée à la démonstration de quelques théorèmes de géométrie, mais il y emploie à plusieurs reprises les figures & constructions qui dépendent des anciennes méthodes; ainsi il ne paroît pas que cet illustre Géomètre se soit proposé d'y suivre une marche purement analytique.

9. Si deux ou plusieurs quantités sont liées entre elles d'une manière quelconque, leur rapport sera toujours exprimé par une ou plusieurs équations qui pourront toujours, & chacune en particulier, prendre une forme telle, que l'une des variables séparées soit égale à une fonction des autres qui en dépendent, & ces équations, quelles quelles soient, ne pouvant subsister qu'entre des quantités homogènes ou de même nature, il faudra en exclure celles qui leur sont hétérogènes.

10. Nous nous proposons de faire voir qu'en partant de ce principe purement analytique, on peut démontrer les divers théorèmes de la *Géométrie* élémentaire, sans employer ni même supposer tacitement aucune espèce de figures ni constructions.

11. Soient

a, b, c, les trois angles d'un triangle,

m, n, p, les côtés qui leur sont opposés; puisque a, b, c sont hétérogènes avec m, n, p, il doit exister entre ces trois quantités une relation indépendante des côtés du triangle.

J'exprime cette relation par l'équation

$$a = f(b : c)$$

dans laquelle f désigne une fonction quelconque.

Et cette équation aura lieu pour chaque angle du triangle indistinctement, puisque nous n'y avons eu aucun égard à la position des angles & à leur situation respective, elle contient donc ces deux autres, qui lui sont identiques, $b = f(c:a)$; $c = f(b:a)$; d'où on conclura d'abord que $f(b:a) = f(a:b)$; ou que f designe une telle fonction de b, a, qu'on y peut mettre b pour a, & réciproquement.

12. Considérons un autre triangle dont les trois angles soient $a-e$, b, c', on aura aussi

$$a-e=f(b:c'); \quad b=f(a-e:c')$$

& comparant avec les équations du n°. 10;

$$f(b:c)=e+f(b:c');$$
$$f(a:c)=f(a-e:c');$$

or, il est clair que la deuxième équation doit encore avoir lieu si on y met b pour a, ce qui donne $f(b:c)=f(b-e:c')$, & en substituant dans la première équation, on a

$$f(b-e:c')=e+f(b:c');$$

13. Si en reprenant le triangle de l'art. 10, on y suppose l'angle a partagé en deux, a', a'', on peut considérer
a' & b comme les 2 angles d'un triangle dont le 3e $d=f(a':b)$
a'' & c, comme les 2 angles d'un triangle dont le 3e $d'=f(a'':c)$
& il est évident que la même ligne qui partage l'angle a en deux autres a', a'' vient former sur le côté opposé à cet angle les deux autres d & d', dont la somme est toujours constante & égale à celle des deux angles droits, on a donc

$$d+d'=2\,?;$$

mais d'après l'équation du n°. 12, on a

$$d = f(a - a'' : b) = a'' + f(a : b) = a'' + c;$$

$$d' = f_1(a - a' : c) = a' + f(a : c) = a' + b;$$

donc

$$d + d' = a + b + c = 2 *;$$

ainſi quels que ſoient a, b, c, leur *ſomme eſt toujours égale à celle de deux angles droits.*

Les équations du n°. 12 donnent cet autre théorème que l'*angle extérieur d'un triangle eſt égal à la ſomme des deux intérieurs oppoſés*, d'où on eût pu directement conclure celui qui précède.

14. Les lignes m, n, p, ſont hétérogènes aux angles a, b, c, qui ſont des nombres; mais les rapports de ces lignes entre elles, qui ſont $\frac{m}{p}$, $\frac{n}{p}$, étant auſſi des nombres, & conſéquemment homogènes à ces mêmes angles, il doit exiſter une relation entre ces différentes quantités.

Donc $\frac{m}{p}$ eſt fonction de $\frac{n}{p}$, a, b, c, ou plus ſimplement de $\frac{n}{p}$, a, b, puiſque c eſt donné en a, b (13), ſoit φ cette fonction, & on aura

$$\frac{m}{p} = \varphi\left(\frac{n}{p} : a : b\right);$$

c & b étant les deux angles oppoſés à m & n.

Et en conſervant la même diſpoſition entre les côtés & angles oppoſés, on aura de la même manière

$$\frac{n}{p} = \varphi\left(\frac{m}{p} : b : a\right);$$

Si de cette dernière équation on tire la valeur de b en a, $\frac{n}{p}$, $\frac{m}{p}$, & qu'on la substitue dans l'autre, $\frac{m}{p}$ sera donné par une nouvelle fonction de $\frac{n}{p}$, a; . . . donc n, p, a étant donnés, m le sera; d'où il suit que si dans un triangle, deux *côtés & l'angle compris sont donnés, le triangle entier est déterminé.*

On observera de même que puisque $\frac{n}{p}$ est fonction de $\frac{m}{p}$, b, a, & que $\frac{m}{p}$ en est une pareille de $\frac{n}{p}$, a, b; il suit qu'en général $\frac{m}{p}$ est une fonction de b, a, soit F cette fonction, $\frac{m}{n}$ en sera une semblable de c, a; $\frac{n}{p}$ de a, b; car le même raisonnement doit donner la même équation entre les deux côtés dont le rapport en forme le premier membre, & les angles contenus sous le signe F.

On aura donc les équations suivantes :

$$\left.\begin{array}{l} \frac{m}{p} = F(b:a) \ \ldots . \ \frac{p}{m} = F(b:c) \\ \frac{m}{n} = F(c:a) \ \ldots . \ \frac{n}{m} = F(c:b) \\ \frac{n}{p} = F(a:b) \ \ldots . \ \frac{p}{n} = \ldots\ldots . \end{array}\right\} A.$$

dans lesquelles F désigne la même fonction, & d'où on déduira d'abord ces deux théorèmes, *qu'un triangle entier est déterminé si un côté & les deux angles adjacens sont donnés*, & la *proportionnalité des côtés dans les triangles semblables.*

15. On doit obſerver de plus que les deux premières équations du n°. 14, peuvent toujours donner la valeur de deux de cinq quantités qu'elles contiennent.

On peut donc généralement conclure que ſi on connoît trois des cinq quantités qui compoſent un triangle quelconque, les deux qui reſtent ſont déterminées par celles-là, & *qu'alors le triangle entier eſt donné.*

16. Si dans les équations A du n°. 13, on met pour c ſa valeur en a, b, les équations qui réſulteront de la comparaiſon de celles-ci, entre les fonctions F de ces deux angles, auront lieu quels qu'ils ſoient, pourvu que leur ſomme ſoit plus petite que 2π; on peut donc généralement conclure que F déſigne une telle fonction, que l'on a toujours les deux équations

$$F(a:b)=\frac{1}{F(a:2\pi-(a+b))}$$

$$\frac{F(a:b)}{F(b:a)}=F(2\pi-(a+b):b)$$

17. On peut comme à l'article 13 ſuppoſer l'angle a partagé en deux autres a', a''; & ſi on nomme m' le ſegment de m oppoſé à l'angle a', $m-m'$ ſera celui oppoſé à l'angle a''; ainſi de même qu'on a $\frac{m}{p}=F(b:a)$, (14), on doit avoir

$$\frac{m}{p}=F(b:a');\quad \frac{m-m'}{n}=F(c:a'');$$

mais $\frac{m-m'}{n}=\frac{m-m'}{p}\times\frac{p}{n}$; & ſi dans cette équation on ſubſtitue

pour les rapports $\frac{m}{n}, \frac{p}{n}$, &c. leurs valeurs en a, b, c, il vient,
$F(a'+a'':b) \times F(c:a'') = F(b:a'+a'') - F(b:a')$,
donc on conclura

$$F(b:a'+a'') = F(b:a') + F(c:a'')\,F(a'+a'':b)$$

On auroit aussi

$$\frac{m'}{p} : \frac{m-m'}{n} = \frac{F(b:a')}{F(c:a'')}; \text{ ou } \frac{n}{p} = \frac{m-m'}{m} \times \frac{F(b:a')}{F(c:a'')}$$

& d'après les équations n°. 16,

$$F(b:a') = F(a':b) \times F(c+a'':a');$$
$$F(c:a'') = F(a'':c) \times F(b+a':a'');$$

& en substituant

$$\frac{n}{p} = \frac{F(a':b)}{F(a'':c)} \times \frac{(m-m') \times F(c+a'':a')}{m' \times F(b+a':a'')};$$

& observant que $\frac{m-m'}{F(b+a':a'')} = \frac{m'}{F(c+a'':a')}$;

$$\frac{n}{p} = F(a:b) = \frac{F(a':b)}{F(a'':c)}.$$

Dans ces équations, si on substitue pour c sa valeur en a, b, il n'existera plus aucune relation entre a', a'', b.

Donc si pour plus de généralité on prend trois angles μ, ν, ρ; on doit conclure, en général, que quels que soient μ, ν, ρ, pourvu que leur somme soit plus petite que 2π, F en désigne une telle fonction, que l'on aura toujours les deux équations

I. $F(\mu:\nu+\rho) = F(\mu:\nu) + F(2\pi-(\mu+\nu+\rho):\rho) \times F(\nu+\rho:\mu)$

II. $F(\nu+\rho:\mu) = F(\nu:\mu) : F(\rho:2\pi-(\mu+\nu+\rho))$

& cette dernière équation se change en celle-ci :

III. $F(\nu+\rho:\mu) = F(\nu:\mu) \times F(\rho:\mu+\nu)$.

18.

18. Puisque dans ces équations μ, ν, ρ sont arbitraires, on y peut faire $\mu = a$; $\nu = \pi - a$; $\rho = \pi - b$; & si, comme à l'article 11, on désigne par a, b, c les trois angles d'un même triangle, on aura $c = \nu + \rho$; substituant ces valeurs dans l'équation I, n°. 17, il vient

$$F(a:c) = F(a:\pi - a) + F(b:\pi - b).\,F(c:a);$$

& on voit facilement que par le même procédé qui donne cette équation, on obtiendra ces deux autres qui lui sont identiques,

$$F(c:b) = F(c:\pi - c) + F(a:\pi - a) \times F(b:c);$$
$$F(b:a) = F(b:\pi - b) + F(c:\pi - c) \times F(a:b);$$

& en substituant pour $F(a:b)$, $F(a:c)$, & leurs valeurs (n°. 14) ces équations deviennent

$$p = n.\,F(a:\pi - a) + m.\,F(b:\pi - b);$$
$$n = m.\,F(c:\pi - c) + p.\,F(a:\pi - a;$$
$$m = p.\,F(b:\pi - b) + n.\,F(c:\pi - c);$$

multipliant la première par p, la seconde par n, & la troisième par m, il vient

$$p^2 = p\,n\,F(a:\pi - a) + p\,m\,F(b:\pi - b);$$
$$n^2 = m\,n\,F(c:\pi - c) + p\,n\,F(a:\pi - a);$$
$$m^2 = m\,p\,F(b:\pi - b) + m\,n\,F(c:\pi - c);$$

& en retranchant les deux dernières de la première,

$p^2 - n^2 - m^2 = -2\,m\,n\,F(c:\pi - c)$, ou $p^2 = n^2 + m^2 - 2\,m\,n\,F(c:\pi - c)$, *laquelle contient la relation connue entre les trois côtés d'un triangle quelconque;* il reste à faire voir ce que c'est que $F(c:\pi - c)$.

19. Mais on peut d'abord observer que la première

équation du n°. 18, donne directement la propriété du triangle rectangle, qui n'est au surplus qu'un cas particulier de l'équation ci-dessus.

En effet, si l'angle c est droit $a+b=\tau$, donc $b=\tau-a$, $a=\tau-b$; & substituant dans l'équation

$$F(a:c)=F(a:\tau-a)+F(b:\tau-b)\times F(c:a),$$

il vient

$$F(a:c)=F(a:b)+F(b:a)\times F(c:a),$$

laquelle donne

$$\frac{p}{n}=\frac{n}{p}+\frac{m}{p}\times\frac{m}{n} \text{ \& } p^2=n^2+m^2.$$

& en comparant cette équation avec celle du n°. 18, on conclura d'abord que $F(c:\tau-c)=0$ si $c=\tau$.

20. L'équation de l'article 17, $\frac{m-m'}{n}=F(c:a'')$ détermine (14) un triangle tel, que si on nomme q son troisième côté, on aura $\frac{q}{n}=F(a'':c)$; & si on nomme γ le troisième angle de ce même triangle, on aura aussi

$$\gamma=2\tau-a''-c;\quad F(c:a'')=F(c:\tau-c+\tau-\gamma)$$

développant le second membre de cette équation, & substituant pour $F(a'':c)$ sa valeur $\frac{q}{n}$, il vient

$$\frac{m-m'}{n}=F(c:\tau-c)+F(\gamma:\tau-\gamma)\frac{q}{n};$$

d'où on tire la valeur de

$$F(c:\tau-c)=\frac{m-m'}{n}-\frac{q}{n}F(\gamma:\tau-\gamma).$$

Mais de même que les deux équations (13) $\frac{p}{m}=F(c:b)$; $\frac{n}{m}=F(c:b)$ conduisent à celle-ci, (18)

$$p^2=n^2+m^2-2m\,.\,n\,F(c:\tau-c);$$

les deux équations ci-dessus $\frac{m-m'}{n} = F(c:a)$ $\frac{q}{n} = F(a'':c)$, doivent donner cet autre qui lui est analogue,

$$q^2 = (m-m')^2 + n^2 - 2n(m-m')\,F(c:1-c);$$

en y substituant q pour p, $m-m'$ pour n, & n pour m.

Si dans ces deux équations on met pour $F(c:1-c)$ sa valeur trouvée plus haut, elles deviennent

$$p^2 - n^2 = m^2 - 2m((m-m') - q\,F(\gamma:1-\gamma)),$$
$$n^2 = q^2 + (m-m')\,(m-m' - 2q\,F(\gamma:1-\gamma)),$$

& en faisant pour simplifier $m - m' = r$, & prenant les valeurs de p, n, il vient

$$n = \sqrt{(q^2 + r.(r - 2q\,F(\gamma:1-\gamma)))}$$
$$p^2 = n^2 + m^2 - 2m(r-q) \times F(\gamma:1-\gamma),$$

& en substituant pour n^2 sa valeur,

$$p = \sqrt{(q^2 + (m-r)^2 + 2(m-r)q\,.\,F(\gamma:1-\gamma))};$$

dans ces deux nouvelles équations les côtés p, n, se trouvent donnés en valeur du troisième côté m, & des quantités q, r, & $F(\gamma:1-\gamma)$, qui sont indéterminées.

21. Puisque a'' est arbitraire, γ l'est aussi, & il servira à déterminer de position la ligne q.

Si on donne aux deux côtés p & n des valeurs particulières, celles de q & r seront dès-lors déterminées par les deux équations, (20).

Mais on pourra aussi, par de certaines conditions, déterminer la valeur d'une fonction quelconque de p, n; alors en substituant dans cette fonction les valeurs de p, n, prises dans les deux équations (20), il en résultera une nouvelle entre

q, r, qui ſatisfera toujours à la condition propoſée ; & puiſque l'une des quantités r, q, y reſtera toujours indéterminée, en donnant à r toutes les valeurs ſucceſſives dont il eſt ſuſceptible, on aura pour q toutes celles qui lui correſpondent.

Ainſi chaque valeur de q donnera le point qui ſatisfait à la condition propoſée, & la ſuite de ces valeurs, la ligne qui réſulte de cette condition.

22. Suppoſons, par exemple, que le côté m reſtant toujours le même, les quantités p, n, ſoient telles, que leur ſomme ou leur différence, ſoit une quantité conſtante, on aura donc $p \pm n = g$, g étant conſtante, &

$$g = \left\{ \begin{array}{l} \sqrt{(q^2 + r^2 - 2qr.\,F(\gamma : 2 - \gamma))}, \\ \pm \sqrt{(q^2 + (m-r)^2 + 2(m-r)\,q\,F(\gamma : 2 - \gamma))} \end{array} \right.$$

élevant au quarré, & faiſant pour ſimplifier

$$R^2 = q^2 + r^2 - 2qr.\,F(\gamma : 2 - \gamma);$$

$$g^2 - m^2 = \left\{ \begin{array}{l} 2\,(R^2 - m\,(r - q \times F(\gamma : 2 - \gamma))) \\ \pm 2\,R \times \sqrt{(R^2 + m^2 - 2m\,(r - q.\,F(\gamma : 2 - \gamma)))}, \end{array} \right.$$

laquelle de nouveau élevée au carré, & en diminuant les termes qui ſe détruiſent, donne, après y avoir fait paſſer tous les termes d'un même côté,

$$\left. \begin{array}{r} \frac{(g^2 - m^2)^2}{4} - g^2 R^2 + m(g^2 - m^2)\,(r - q\,F(\gamma : 2 - \gamma)) - \\ + m^2.\,(r - q \times F(\gamma : 2 - \gamma))^2 \end{array} \right\} = 0$$

ſubſtituant pour R^2 ſa valeur, & diviſant par $g^2 - m^2$.

$$\left. \begin{array}{r} \frac{g^2 - m^2}{4} - \frac{g^2}{g^2 - m^2} \times q^2\,(1 - F(\gamma : 2 - \gamma)) + m\,(r - q\,F(\gamma : 2 - \gamma)) \\ - (r - q\,F(\gamma : 2 - \gamma))^2 \end{array} \right\} = 0$$

23. On peut, pour ſimplifier, ſubſtituer dans cette équation une nouvelle indéterminée s pour r; en faiſant $s=r+l$; & ſi on veut que $q=0$ donne $s=0$, on fera $\frac{g^2-m^2}{4}+ml-l^2=0$; $l=\frac{m\pm g}{2}$; où le ſigne $\pm$ ſe rapporte au double point b, c, dont la diſtance eſt m; ſi donc on prend le ſigne $-$ pour le point c auquel on a placé l'origine de r, (20) on a $r=s+\frac{m-g}{2}$; & en effaçant dans le dernier terme $\frac{g^2-m^2}{4}+m\left(s+\frac{m-g}{2}\right)-\left(s+\frac{m-g}{2}\right)^2$ les quantités qui ſe détruiſent, ce qui le réduit à s^2-gs, l'équation ci-deſſus devient (a) $\frac{g^2-m^2.F(\gamma:\pi-\gamma)^2}{g^2-m^2}q^2-q(2s-g)F(\gamma:\pi-\gamma)+s^2-gs=0$.

24. Puiſque γ eſt arbitraire, on eût pu auſſi dans l'équation article 22, ſuppoſer $\gamma=\pi$, ce qui donne, (19) $F(\gamma:\pi-\gamma)=0$; diviſant par $\frac{g^2-m^2}{g^2}$, & faiſant paſſer q dans un ſeul membre de cette équation, elle devient (b), $q^2=\frac{g^2-m^2}{g^2}\times\left(\frac{g^2-m^2}{4}+mr-r^2\right)$; & ſi, comme à l'article 23, on ſubſtitue s pour r, ayant fait $r=s+\frac{m-g}{2}$, cette dernière équation devient (c). $q^2=\frac{g^2-m^2}{g^2}\times(gs-s^2)$.

25. Ces équations ſont celles des lignes qui ſatisfont à la condition de l'article 22; g étant une quantité conſtante quelconque, & toujours égale à la ſomme ou à la différence des quantités n, p, quelle que ſoit leur valeur, & on en pourra conclure les propriétés de ces lignes.

Puiſque m eſt oppoſé à l'angle a, (11) & conſéquemment adjacent aux deux angles b, c; leur diſtance eſt m; & ſi on ſuppoſe $m = 0$, le point b ſe réunit au point c; les deux lignes n, p ſe confondent alors en une ſeule, qui ſera $\frac{g}{2}$, & par conſéquent invariable; donc tous les points qui ſont déterminés par q, pour toutes les valeurs de r, conſervent toujours la même diſtance à l'égard du point c, & l'équation b, (24) qui devient alors $q^2 = \frac{g^2}{4} - r^2$, eſt celle d'une circonférence de cercle, dont le rayon eſt $\frac{g}{2}$; la ligne r étant rapportée au centre c, où ſe réuniſſent les deux points b & c.

25. On pourra toujours déduire de cette équation, toutes les propriétés du cercle, en ſuivant une marche purement analytique.

Mais on obſervera de plus qu'elle fournit un moyen ſimple de déterminer l'eſpèce de lignes que repréſentent les équations des articles 22 & 23.

Si on reprend, en effet, l'équation $\frac{m}{p} = F(b:a)$, & qu'en y faiſant $a + b = 2$, on y ſuppoſe a conſtant, quoique m & p varient, le rapport $\frac{m}{p} = F(2 - a : a)$ aura toujours la même valeur, quels que ſoient m, p; ainſi ſi on prend une partie quelconque m' de m, la partie correſpondante p' de p ſera derminée, & égale à $\frac{m'}{F(2-a:a)}$, & on aura auſſi, & par le même procédé $n' = \frac{l'}{F(a:2-a)}$; n' étant la partie de n

qui correſpond à p' ; mais puiſqu'on a ſuppoſé a conſtant, tous les points de p déterminés par cette équation, conſervent la même direction; *cette équation eſt donc celle d'une ligne droite* p *faiſant ſur* m *un angle* $1 - a$.

27. Suppoſons que le triangle qui eſt donné par l'équation ci-deſſus faſſe une révolution au tour de la ligne n, & il eſt évident qu'alors chaque point de p déterminé par chaque valeur de m', depuis $m' = 0$, juſques à $m' = m$, doit décrire autour de chaque point de n, qui eſt auſſi déterminé par la valeur correſpondante de n', une circonférence de cercle dont le rayon ſera ſa diſtance à ce point, & conſéquemment $m - m'$; ainſi on aura pour la circonférence de cercle qui, dans cette révolution, eſt décrite autour du point de n, auquel répond n', l'équation (25) $y^2 = (m - m')^2 - x^2$.

Mais puiſque $\frac{m}{p} = \frac{m'}{p'} = F(1 - a : a)$, on aura auſſi $\frac{m - m'}{p - p'} = F(1 - a : a)$; donc, ſuivant les équations de l'article 14, $(m - m')$ forme avec $(p - p')$ un angle $1 - a$, & conſéquemment avec p' un angle $2 \cdot 1 - (1 - a) = 1 + a$; ainſi, (14) on peut regarder p', & $(m - m') - x$ comme les deux côtés d'un triangle, & l'angle y compris $1 + a$; ſi donc on nomme ρ ſon troiſième côté, & δ l'angle oppoſé à $(m - m') - x$, ces deux quantités ſeront déterminées comme à l'article cité par les deux équations $(m - m') - x = \rho \times F(1 - (a + \delta) : \delta)$; $p' = \rho . F(\delta : 1 - (a + \delta))$, d'où on conclura $m' = p' F(1 - a : a) = \rho F(1 - a : a) \times F(\delta : 1 - (a + \delta))$, & $x = m - m' - \rho F(1 - (a + \delta : \delta))$; ... $m - m' + x = 2(m - m') -$

$\rho F(1-(a+\delta):\delta)=2m-2\rho F(1-a:a)F(\delta:1-(a+\delta))-\rho F(1-(a+\delta):\delta)$; & $y^2=(m-m'-x)\times(m-m'+x)=\ldots$ $=F(1-(a+\delta):\delta)\times(2m\rho-\rho^2 F(1-(a+\delta):\delta)+2F(\delta:1-(a+\delta)).F(1-a:a))$; & si on fait, pour simplifier, $A=F(1-(a+\delta):\delta)$; $B=2m$; $C=F(1-(a+\delta):\delta)+2F(\delta:1-(a+\delta))F(1-a:a)$, cette équation devient $y^2=A.(B\rho-C\rho^2)$ ou $y^2=A\,C.\left(\frac{B}{C}\rho-\rho^2\right)$ laquelle contient le rapport entre une droite quelconque ρ qui a son origine au point où $m=0$, & est incliné à la ligne p, d'un angle δ; & l'ordonnée y qui est abaissée sur cette ligne du point correspondant de la surface du cône que forme la révolution du triangle au tour de n.

Ainsi, si on y fait varier ρ en conservant à δ la même valeur, on aura par y tous les points d'une section faite dans le cône, par un plan droit qui est incliné à l'apothême p d'un angle δ.

28. Mais en comparant l'équation ci-dessus avec celle du n°. 24, $q^2=\frac{g^2-m^2}{g^2}\times(gs-s^2)$, on pourra toujours donner à δ & g qui sont indéterminées, une valeur telle que $A\times C=\frac{g^2-m^2}{g^2}$; $\frac{B}{C}=g$.

Donc on peut généralement conclure, *que les courbes représentés par les équations des articles 22 & 23 sont toujours une des sections coniques, & que réciproquement celles-ci satisfont toujours à la condition proposée dans l'article 22.*

Comme

Comme les procédés ordinaires de l'Algèbre peuvent toujours donner, d'après ces équations, les propriétés générales qui appartiennent à ces lignes, il est inutile de s'y arrêter; il sera au surplus toujours facile de déterminer les différences qu'établissent dans ces courbes les différentes valeurs qu'on peut prendre pour s.

En comparant entre elles les équations des articles 22 & 23, & donnant des valeurs particulières aux variables r, q, γ, & à celles qu'on pourra leur substituer par des équations particulières, on pourra toujours démontrer les diverses propriétés des sections coniques en général, sans jamais s'écarter de la marche purement analytique que nous nous sommes proposé de suivre, les procédés à employer pour cela étant toujours très-simples & indiqués par l'équation elle-même, il seroit inutile de les développer; ce qui, d'ailleurs, nous mèneroit trop loin, & seroit en quelque sorte étranger au but que nous nous sommes proposé.

Si on demande, par exemple, de déterminer dans les sections coniques les tangentes & autres lignes qui en dépendent, l'équation (a) du n°. 23, en y faisant quelques substitutions, donnera facilement la valeur de ces lignes.

Si on reprend en effet l'équation

$$\frac{g^2-m^2 F(\gamma:1-\gamma)^2}{g^2-m^2} q^2 - F(\gamma:1-\gamma)(2s-g)q + s^2 - gs = 0.$$

On peut en y faisant $\frac{g^2-m^2 F(\gamma:1-\gamma)^2}{g^2-m^2} = A$;

$F(\gamma:1-\gamma) \times (2s-g) = B$, $s^2 - gs = C$,

D

la mettre ſous cette forme plus ſimple,

$$A q^2 - B q + C = 0,$$

qui eſt du ſecond degré, ainſi elle donnera pour q deux valeurs, qui ſont :

$$q' = \frac{B}{2A} + \sqrt{\left(\frac{B^2}{4A^2} - \frac{C}{A}\right)};\ q'' = \frac{B}{2A} - \sqrt{\left(\frac{B^2}{4A^2} - \frac{C}{A}\right)};$$

la quantité contenue ſous le ſigne radical étant la demi-différence des deux valeurs de q, qui répondent à une même s.

Ainſi q coupe la courbe en deux points ; ſi donc on ſuppoſe que la quantité qui eſt contenue ſous le ſigne radical s'évanouiſſe, les deux valeurs de q deviennent égales, & le double point où q coupe la courbe, ſe réunit en un ſeul ; l'ordonnée q inclinée ſur s d'un angle γ devient donc alors tangente au point qui répond à la valeur de s tirée de l'équation $B^2 = 4 A \times C$.

En y ſubſtituant pour B, A, C, leurs valeurs, elle devient

$$(2s - g)^2 \times F(\gamma : \pi - \gamma)^2 = 4 \frac{g^2 - m^2 F(\gamma : \pi - \gamma)^2}{(g^2 - m^2)} \times (s^2 - g s);$$

& obſervant que $4 s^2 - 4 g s = (2 s - g)^2 - g^2$; . . .

$$(2s - g)^2 \times \left[\frac{g^2 - m^2 F(\gamma : \pi - \gamma)^2}{g^2 - m^2} - F(\gamma : \pi - \gamma)^2\right] = . .$$

$$g^2 \times \frac{g^2 - m^2 F(\gamma : \pi - \gamma)^2}{g^2 - m^2};\ \&\ 4 \times (s^2 - g s) \times \frac{g^2 \times (1 - F(\gamma : \pi - \gamma)^2}{g^2 - m^2}$$

$$= g^2 \times \left[\frac{g^2 - m^2 F(\gamma : \pi - \gamma)^2}{g^2 - m^2} - \frac{g^2 (1 - F(\gamma : \pi - \gamma))^2}{g^2 - m^2}\right]; =$$

$= g^2 F(\gamma : \pi - \gamma)^2$ & diviſant par g^2. . . . .

$$4 \times (s^2 - g s) \times \frac{1 - F(\gamma : \pi - \gamma)^2}{g^2 - m^2} = F(\gamma : \pi - \gamma)^2$$ d'où.

on conclura,

$$\frac{1 - F(\gamma : \pi - \gamma)^2}{F(\gamma : \pi - \gamma)^2} = \frac{g^2 - m^2}{4(s^2 - gs)};$$

& fi pour fimplifier, on fait $\frac{4(s^2 - gs)}{g^2 - m^2} = S$, on aura $S(1 - F(\gamma : \pi - \gamma)^2) = F(\gamma : \pi - \gamma)^2$ &

$$F(\gamma : \pi - \gamma)^2 = \frac{S}{1 + S}.$$

29. Cette équation donnera la valeur de l'angle γ que doit faire fur s la tangente menée à la courbe de l'extrémité de cette ligne; ainfi pour chaque point donné de s γ le fera, & la tangente elle-même par l'équation $q = \frac{B}{2A}$. On peut de plus obferver que puifque γ eft donné par une équation du fecond degré, on a toujours une double valeur pour cet angle, & conféquemment pour la tangente q.

Si s eft plus petit que g, $F(\gamma : \pi - \gamma)$ fera imaginaire, mais $q = 0$ donne $s = 0$, & $s = g$, donc l'origine de s dans l'expreffion ci-deffus eft prife au point le plus éloigné où la courbe coupe l'axe; fi on veut la rapporter au point le plus proche, il faudra y fubftituer $s + g$ pour s, ce qui donnera $\frac{1 - F(\gamma : \pi - \gamma)^2}{F(\gamma : \pi - \gamma)^2} = \frac{g^2 - m^2}{4(s^2 + gs)}$.

30. On eût pu, au furplus, prendre une autre condition quelconque, pour le rapport des quantités qui compofent le triangle de l'article 14.

Ainfi, au lieu de fuppofer comme au n°. 22, que la

fomme ou la différence des deux côtés p, n, eſt une quantité conſtante, on pourroit établir une relation quelconque entre les angles a, b, c de ce même triangle, enſorte qu'une fonction quelconque de ces angles fût toujours égale à une quantité donnée, qui pourra être conſtante ou variable, ſuivant une certaine loi.

En prenant alors les équations (13)

$$F(b:c)=\frac{p}{m}=\frac{\sqrt{(q^2+(m-r)^2+2(m-r)qF(\gamma:\varpi-\gamma))}}{m};$$

$$F(c:b)=\frac{n}{m}=\frac{\sqrt{(q^2+r^2-2qrF(\gamma:\varpi-\gamma))}}{m},\ (20),$$ on y ſubſtituera les valeurs de $F(b:c)$, & $F(c\ b)$ données par la condition du problême, & éliminant m, il reſtera entre q, r, l'équation de la ligne qui réſulte de cette condition.

Et puiſque dans ces équations γ eſt arbitraire, on peut, pour ſimplifier, y faire $\gamma=\varpi$, auquel cas $F(\gamma:\varpi-\gamma)=0$, (19), & q eſt perpendiculaire ſur r (26), ces équations deviennent alors,

$$F(b:c)=\frac{\sqrt{(q^2+(m-r)^2)}}{m};\ F(c:b)=\frac{\sqrt{(q^2+r^2)}}{m}.$$

31. On peut ſuppoſer, par exemple, que les lignes m, n, p pouvant varier d'une manière quelconque, les deux côtés n, p ſoient toujours tangentes à une même ſection conique, & que l'angle a ſoit donné, & toujours droit.

On a donc $a=\varpi$, $b=\varpi-c$; $F(c:b)=F(c:\varpi-c)$

& $\frac{\sqrt{(q^2+r^2)}}{m} = F(c : \pi - c)$; où il faut éliminer m, en observant que puisque $a = \pi$, $m^2 = p^2 + n^2$ (19); $= 2q^2 + m^2 - 2mr + 2r^2$, & $mr = q^2 + r^2$; substituant $F(c : \pi - c) = \frac{r}{\sqrt{(q^2+r^2)}}$; $1 - F(c : \pi - c)^2 = \frac{q^2}{q^2+r^2}$; ... & $\frac{1 - F(c : \pi - c)^2}{F(c : \pi - c)^2} = \frac{q^2}{r^2}$; mais par supposition n est tangente à une section conique, ainsi en nommant s la sous-tangente, ou la ligne menée comme à l'article (29) de l'origine le plus voisin de la courbe au point c, on a aussi ..... $\frac{1 - F(c : \pi - c)^2}{F(c : \pi - c)^2} = \frac{g^2 - m^2}{4(s^2 + gs)}$, & en faisant, pour simplifier, $\frac{g^2 - m^2}{4} = A^2$, $\frac{1 - F(c : \pi - c)^2}{F(c : \pi - c)^2} = \frac{A^2}{s^2 + gs}$.

On a donc, en comparant $\frac{q^2}{r^2} = \frac{A^2}{s^2 + gs}$; mais r étant pris du point c qui, dans l'hypothèque actuelle, varie de position, & ayant conséquemment son origine commune à l'extrémité de s; on peut faire $r = s + x$, x étant rapporté aussi au point qui est l'origine de s; on a donc $\frac{q^2}{(s+x)^2} = \frac{A^2}{(s^2 + gs)}$; & en développant & ordonnant par rapport aux puissances de s,

$$s^2 \times (q^2 - A) + (gq^2 - 2A^2x)s - A^2x^2 = 0.$$

Cette équation a deux racines, qui sont les deux valeurs de s pour un même point situé hors de la courbe, & qui est donné de position par les deux lignes q, x; ainsi q & x étant données, s est déterminée par ces deux lignes.

Soient s, s'; ces deux racines, & il eſt évident que, puiſque, par ſuppoſition, les deux lignes n, p, ſont toujours tangentes à une même ſection conique la ſomme de deux lignes s, s' eſt toujours égale au côté qui leur eſt oppoſé ; on a donc $m = s + s'$, & ſubſtituant cette valeur & celle de $r = s + x$, dans l'équation $m\,r = q^2 + r^2$, elle devient $(s + x) \times (s + s') = q^2 + (s + x)^2$; & en développant & réduiſant

$$s\,s' + x\,(s' - s) = q^2 + x^2;$$

mais s, s' étant rapportés au même point d'origine, & formant une même ligne m, ont néceſſairement une direction contraire en partant de ce point, donc s' eſt négatif par rapport à s, & ſubſtituant dans l'équation ci-deſſus $-s'$ pour s', elle devient $-s\,s' - x\,(s + s') = q^2 + x^2$; & comme ces deux lignes ſont les deux racines de l'équation trouvée plus haut

$$s^2 + \frac{g\,q^2 - 2\,A^2\,x}{q^2 - A^2}\,s - \frac{A^2\,x^2}{q^2 - A^2} = 0,$$

$$\text{on a } s\,s' = -\frac{A^2\,x^2}{q^2 - A^2};\; s + s' = \frac{2\,A^2\,x - g\,q^2}{q^2 - A^2};$$

& en ſubſtituant ces valeurs, il vient $\frac{g\,q^2\,x - A^2\,x^2}{q^2 - A^2} = \ldots\ldots$ $q^2 + x^2$; ... $g\,q^2\,x - A^2\,x^2 = q^2\,(q^2 + x^2) - A^2\,q^2 - A^2\,x^2$, & en diviſant par q^2; ... $g\,x = q^2 + x^2 - A^2$, ou . . . $q^2 = A^2 + g\,x - x^2$; & ſi pour ſimplifier, on ſubſtitue pour x, $x + \frac{g}{2}$; & qu'on mette pour A^2 ſa valeur $\frac{g^2 - m^2}{4}$, on a $q^2 = \frac{2g^2 - m}{4} - x^2$, équation à un cercle dont le rayon eſt $\frac{\sqrt{(2g^2 - m^2)}}{2}$.

32. L'équation trouvée plus haut pour s devient, en y ſubſtituant pour A^2 ſa valeur $\frac{g^2 - m^2}{4}$; $s^2 + 2\frac{2g - (g^2 - m^2)x}{4q^2 + m^2 - g^2}s - \frac{(g^2 - m^2)x^2}{4q^2 + m^2 - g^2}$; & elle donnera la valeur de s, en q, x, m, g. On eût pu, par un procédé analogue, obtenir une équation entre q, x & $F(\gamma : \pi - \gamma)$; en prenant la valeur de s en $F(\gamma : \pi - \gamma)$, tirée de l'équation $\frac{q}{\gamma} = \frac{q}{s + x} = \sqrt{\left(\frac{1 - F(\gamma : \pi - \gamma)^2}{F^2(\gamma : \pi - \gamma)}\right)}$, & ſi on nomme t la tangente qui répond à s, γ, on ſubſtituera dans l'équation $t = \frac{B}{2A}$; ces valeurs de s, $F(\gamma : \pi - \gamma)$, & les quantités t, s, γ, ſeront toutes déterminées par x, q, & les conſtantes g, m, qui entrent dans l'équation de la courbe.

Ainſi, ſi le point auquel répondent q, x, eſt donné, t, s, γ le ſeront; & ces équations donneront la valeur de la tangente, ſous-tangente, & de l'angle qu'elles forment; dans une ſection conique en général, la tangente étant menée d'un point quelconque donné de poſition & ſitué hors de ces courbes.

33. Si on reprend l'équation de l'article 23, & qu'on l'ordonne par rapport à q, elle devient

$$q^2 - (g^2 - m^2)\frac{(2s - g)F(\gamma : \pi - \gamma)}{g^2 - m^2 F(\gamma : \pi - \gamma)^2}q + \frac{(g^2 - m^2)}{g^2 - m^2} \times \frac{(s^2 - g s)}{F(\gamma : \pi - \gamma)} = 0,$$

dans laquelle q désigne une ordonnée quelconque, inclinée sur s d'un angle γ; & en nommant comme à l'article 28, q', q'', les deux racines de cette équation, on a

$$q' \times q'' = \frac{(g^2 - m^2) \times (s^2 - gs)}{g^2 - m^2 F(\gamma : \pi - \gamma)^2},$$

q', q'' étant les distances de l'extrémité de s, aux deux points où q coupe la section conique; ensorte que la plus petite valeur de q, ou (28), q'' étant la partie de la sécante extérieure à la courbe; $q' - q''$ est celle qui y est enfermée, & q' la sécante entière.

On peut, en conservant à s la même valeur, supposer que γ varie, & devienne γ'; en nommant alors r ce que devient q par la substitution de γ' pour γ, & r', r'' les deux valeurs de r, on a aussi,

$$r' \times r'' = \frac{(g^2 - m^2) \times (s^2 - gs)}{g^2 - m^2 F(\gamma : \pi - \gamma')^2},$$

donc en comparant

$$q' \times q'' : r' \times r'' :: \frac{1}{g^2 - m^2 F(\gamma : \pi - \gamma)^2} ; \frac{1}{g^2 - m^2 F(\gamma : \pi - \gamma)^2},$$

Mais si dans l'équation (a) du n°. 23, on suppose $s = \frac{g}{2}$, elle devient $\frac{g^2 - m^2 F^2(\gamma : \pi - \gamma)}{g^2 - m^2} q^2 - \frac{g^2}{4} = 0$, ainsi les deux valeurs de q qui répondent à $\frac{1}{2} g$ pour s, sont

$$q = \pm \tfrac{1}{2} \times \frac{g \times \sqrt{(g^2 - m^2)}}{\sqrt{(g^2 - m^2 F^2 (\gamma : \pi - \gamma))}};$$

elles sont donc toujours égales & prises dans une direction contraire, quelle que soit la valeur de γ.

D'où on conclura, en passant, *que le point qui répond à* $s = \frac{1}{2} g$, *coupe toutes les lignes droites qui sont menées par*

par ce point, & vont aboutir à la courbe en deux parties égales.

Ce ſont ces lignes qu'on a nommé diamètres, & on pourra toujours conclure de ces équations, & en variant les valeurs de γ, leurs principales propriétés.

Soit K le demi-diamètre qui répond à l'angle γ, K' celui qui répond à l'angle γ', & on aura

$$K^2 : K'^2 :: \frac{1}{g^2 - m^2 F(\gamma : 1 - \gamma)^2} ; \frac{1}{g^2 - m^2 F(\gamma' : 1 - \gamma')^2} ;$$

donc $q' \times q'' : r' \times r'' :: K^2 : K'^2$.

C'eſt la propriété générale des ſections coniques, que *les rectangles des deux ſécantes menées d'un point quelconque à une ſection conique, & multipliées par leurs parties extérieures, ſont entre eux en raiſon donnée, & comme les quarrés des demi-diamètres qui leur ſont parallèles.*

34. Quoique, par l'analyſe précédente, cette propriété ne ſoit démontrée que pour un point qui eſt ſitué ſur la ligne des s, on peut facilement s'aſſurer qu'elle aura auſſi lieu pour un point quelconque placé hors de cette ligne.

Quelle que ſoit, en effet, la poſition de ce point, puiſque γ eſt arbitraire, on pourra toujours en donnant à cet angle une certaine valeur, incliner q ſur s de manière que le point donné ſe trouve dans le prolongement de q.

Si donc on nomme d la diſtance de ce point à celui où ſe réuniſſent q, s; d, q, formant par ſuppoſition une même ligne droite, $d+q$ sera la sécante menée du point donné; donc $d+q'$ sera la sécante entière; $d+q''$ sa partie extérieure, & le produit de ces deux lignes $d^2+d(q'+q'')+q'\times q''$.

Et puisque q', q'' sont les deux racines de l'équation (a) de l'article 23, cette expression devient, en y substituant les valeurs de $q'+q''$; $q'\times q''$, qui sont les coefficiens du 2me & 3me terme, & en la réduisant au même dénominateur.

$$\frac{g^2-m^2}{g^2-m^2F(\gamma:\pi-\gamma)^2}\times\left[d^2\times\frac{g^2-m^2F(\gamma:\pi-\gamma)^2}{g^2-m^2}+\ldots\ldots\right.$$
$$\left.d\times(2s-g)\times F(\gamma:\pi-\gamma)+s^2-gs\right];$$ développant & observant que $s^2+2dsF(\gamma:\pi-\gamma)=(s+dF(\gamma:\pi-\gamma))^2-d^2F(\gamma:\pi-\gamma)^2$; & que $d^2\times\left[\frac{g^2-m^2F(\gamma:\pi-\gamma)^2}{g^2-m^2}-\ldots\right.$ $\left.F(\gamma:\pi-\gamma)^2\right]=g^2\times\frac{d^2[1-F(\gamma:\pi-\gamma)^2]}{g^2-m^2}$; cette expression devient

$$\frac{g^2-m}{g^2-m^2F(\gamma:\pi-\gamma)^2}\times\left[g^2\times\frac{d^2(1-F(\gamma:\pi-\gamma)^2)}{g^2-m^2}+\ldots\right.$$
$$\left.(s+dF(\gamma:\pi-\gamma))^2-g(s+dF(\gamma:\pi-\gamma)).\right]$$

Mais, par supposition, $d+q$ forme une même ligne droite, & puisque q forme un angle γ sur s, d formera sur s un angle $\pi+\gamma$, & un angle γ sur le prolongement de s.

Ainsi, en nommant s' chaque valeur de s qui correspond à chaque valeur d' de d, on aura, d'après les équations trouvées pour la ligne droite à l'article 26, $s'=s+$

$d'\,F(\gamma:\pi-\gamma)$, & la poſition de d ſera de plus déterminée par cette autre équation (26),

$$e'=d'\sqrt{(1-F^2(\gamma:\pi-\gamma))},$$

e' étant la diſtance perpendiculaire de chaque point d' de d, menée à chaque point s' de s.

Ainſi d étant la valeur de d' pour le point donné, & s', e, les valeurs qui y correſpondent,

$$s'=s+d\,F(\gamma:\pi-\gamma);\ e^2=d^2\times(1-F(\gamma:\pi-\gamma)^2);$$

ſubſtituant ces valeurs dans l'expreſſion trouvée plus haut, elle devient

$$\frac{g^2-m^2}{g^2-m^2F(\gamma:\pi-\gamma)^2}\times\left(\frac{e^2g^2}{g^2-m^2}+s'^2-g\,s'\right).$$

C'eſt la valeur du produit d'une ſécante à une ſection conique, par ſa partie extérieure; cette ſécante étant menée d'un point quelconque, ſitué à la diſtance perpendiculaire e de la ligne des s.

Mais on voit que pour un même point les valeurs de e & s', reſteront les mêmes quel que ſoit γ, ou l'inclinaiſon de $d+q$ ſur s; ainſi ſi on ſuppoſe que γ devienne γ', le produit de la nouvelle ſécante par ſa partie extérieure pour l'angle γ', ſera à ce même produit pour la ſécante qui répond à l'angle γ, dans le même rapport qui a été trouvé à l'article 33.

Je me ſuis arrêté à démontrer cette propriété des ſections coniques, que l'équation du n°. 23 donne, comme on voit, avec la plus grande facilité, quoique cette propofition foit une des plus compliquées de la théorie de ces courbes.

35. Si on nomme y, s' les deux lignes qui déterminent chaque point de la ligne q dont la pofition eft donnée par l'angle γ; on aura pour un point quelconque, q' de q, ainfi qu'on l'a vu dans l'article précédent, & en y mettant q' pour d, $y = q'\sqrt{(1 - F^2(\gamma:\pi-\gamma))}$; $s' = s - q'F(\gamma:\pi-\gamma)$ & fubftituant pour q' fa valeur $\frac{s-s'}{F(\gamma:\pi-\gamma)}$; il vient en général pour l'expreffion de la perpendiculaire y élevée fur s, à la diftance s' de l'origine de s, & qui rencontre q au point déterminé par q',

$$y = (s - s') \times \frac{\sqrt{(1 - F^2(\gamma:\pi-\gamma))}}{F(\gamma:\pi-\gamma)};$$

donc en nommant y', y'', les deux perpendiculaires élevées aux points où $s' = g$, & $s' = 0$, qui font les deux extrémités de g, on aura pour un s quelconque,

$y'' = s\,\frac{\sqrt{(1 - F^2(\gamma:\pi-\gamma))}}{F(\gamma:\pi-\gamma)}$; $y' = (s - g)\,\frac{\sqrt{(1 - F^2(\gamma:\pi-\gamma))}}{F(\gamma:\pi-\gamma)}$

& $\frac{1 - F(\gamma:\pi-\gamma)^2}{F(\gamma:\pi-\gamma)^2} = \frac{y'' \times y'}{s^2 - gs}$; mais fi g eft tangente, on a (28), $\frac{1 - F(\gamma:\pi-\gamma)^2}{F(\gamma:\pi-\gamma)^2} = \frac{4(s^2 - gs)}{g^2 - m^2}$; donc en fubftituant, il vient $y' \times y'' = \frac{g^2 - m^2}{4}$.

D'où on conclura, en général, *que le produit des deux perpendiculaires élevés aux deux extrémités de* g, *à la tangente menée d'un point quelconque, pris fur la ligne des* s, *eft conftant & toujours égal à* $\frac{g^2 - m^2}{4}$.

36. Cette propoſition, qui eſt la quarante-deuxième du 3me livre d'Appollonius, peut être, au ſurplus, démontrée d'une manière plus directe.

Quel que ſoit, en effet, l'ordonnée q, en déſignant toujours par y'', y' les deux perpendiculaires aux extrémités de g, on aura

$y''-y'=g\times\frac{\sqrt{(1-F^2(\gamma:1-\gamma))}}{F(\gamma:1-\gamma)}$; d'où on conclura

$$F^2(\gamma:1-\gamma)=\frac{g^2}{g^2+(y''-y')^2},$$

donc $g^2-m^2F(\gamma:1-\gamma)^2$ devient $g^2-\frac{g^2\times m^2}{g^2+(y''-y')^2}=$

$$=\frac{g^4+g^2(y''-y')^2-g^2m^2}{g^2+(y''-y')^2}=g^2\times\frac{g^2-m^2+(y''-y')^2}{g^2+(y''-y')^2}.$$

Cela poſé, ſi t eſt la ſécante menée à la courbe d'un point quelconque, dont la poſition ſoit donnée par s', y; t', t'' étant les deux valeurs de t, on a

$$t'\times t''=\frac{g^2-m^2}{g^2-m^2F(\gamma:1-\gamma)^2}\times\left(\frac{g^2y^2}{g^2-m^2}+s'^2-gs'\right)=$$

$$=\frac{g^2+(y''-y')^2}{g^2-m^2+(y''-y')^2}\times\frac{g^2-m^2}{g^2}\times\left(\frac{g^2y^2}{g^2-m^2}+s'-gs'\right);\ (C)$$

& ſi on met y' pour y, ce qui donne $s'=g$. Cette expreſſion devient $y'^2\times\frac{g^2+(y''-y')^2}{g^2-m^2+(y''-y')^2}$.

On obſervera de plus que la valeur de $t'+t''$ ſe trouvera par un procédé analogue à celui de l'article 34, en obſervant que $t'+t''=q'+q''-2d=$ . . . . $\frac{(g^2-m^2)\ (2s-g)F(\gamma:1-\gamma)}{g^2-m^2.F(\gamma:1-\gamma)^2}-2d$; & ſubſtituant pour

$g^2 - m^2 F(y:z-y)^2$, ... $g^2 \times \frac{g^2 - m^2 + (y''-y')^2}{g^2 + (y''-y')^2}$;

pour $F(y:z-y)$; . . . . . $\frac{g}{\sqrt{(g^2+(y''-y')^2)}}$; & enfin

pour s, $s' + dF(y:z-y) = s' + \frac{g}{\sqrt{(g^2+(y''-y')^2)}} =$ $s' + \frac{gy}{y''-y'}$.

Le numérateur de cette expreſſion devient, après qu'on l'a réduit au même dénominateur,

$$\frac{(g^2-m^2)\times\left[(2s'-g)\times g + 2\frac{g^2 y}{y''-y'}\right]}{\sqrt{(g^2+(y''-y')^2)}} \ldots\ldots$$

$$-2\frac{y}{y''-y'} \times g^2 \times \frac{g^2-m^2+(y''-y')^2}{\sqrt{(g^2+(y''-y')^2)}}, \ldots\ldots$$

qui ſe réduit enfin à

$\frac{(g^2-m^2).(2s'-g).g - 2g^2 y(y''-y')}{\sqrt{(g^2+(y''-y')^2)}}$; changeant les ſignes, on a pour le deuxième terme de l'équation du ſecond degré qui contient les valeurs de t' t'',

$$\frac{2(y''-y')y - \frac{g^2-m^2}{g}\times(2s'-g)}{g^2-m^2+(y''-y')^2}\times\sqrt{[g^2+(y''-y')^2]} \text{ (B)},$$

& ſi on ſuppoſe que $y = y'$, enſorte que $s = g$ (34), cette quantité devient

$$\frac{2y'\times(y''-y') - (g^2-m^2)}{g^2-m^2+(y''-y')^2}\times\sqrt{(g^2 \mp (y''-y')^2)}.$$

37. Ainſi on aura en général, & pour un point quelconque, déterminé par y, s', les valeurs de t', t'', menées de ce point à la courbe, qui ſeront

$$t = \frac{B}{2} \pm \sqrt{\left(\frac{B^2}{4} - C\right)};$$

& si on suppose que $s' = g$ & $y = y'$, en substituant dans cette équation les valeurs de B, C pour cette hypothèse, le terme qui contient la quantité renfermée sous le signe radical est de cette forme :

$$\frac{\sqrt{(g^2+(y''-y')^2)}}{2(g^2-m^2+(y''-y')^2)} \times \sqrt{[(2y'(y''-y')-(g^2-m^2))^2 - 4y'^2 \times (g^2-m^2+(y''-y')^2)]};$$

où le radical se réduit à

$$\sqrt{[(g^2-m^2)^2-4(g^2-m^2)y'y'']}.$$

Or, dans cette expression, $(g^2+(y''-y'))$ est toujours essentiellement positif, & plus grand que o; donc le deuxième radical est le seul qui puisse s'évanouir; donc pour que t soit tangente, il faut que $g^2 - m^2 - 4y' \times y'' = 0$; ce qui donne $y' \times y'' = \frac{g^2-m^2}{4}$, comme on l'avoit déjà trouvé à l'article 35.

38. L'analyse précédente servira, d'ailleurs, à prouver que cette valeur de $y' \times y''$ est un maximum, c'est-à-dire, qu'en supposant donné & fixé le point où l'une des valeurs de t rencontre la courbe, l'inclinaison de t sur s, ou l'angle , est tel, lorsque cette ligne t est tangente à une section conique, que le produit des deux perpendiculaires y', y'' est le plus grand possible.

Si on prend, en effet, le signe — dans l'expression ci-dessus (37), elle donnera pour t' la distance de y' au point le plus proche de la courbe; & on pourra y substituer pour $\frac{g^2 - m^2}{4}$ sa valeur tirée de l'équation (c) article 24, qui est $\frac{z^2 \times g^2}{g s' - s'^2}$; z, s', étant, comme à l'article cité, les condonnées rectangles de ce point.

Si on suppose donc que ce point soit donné, z, s', le seront aussi & constans, alors la valeur de t' variera comme y', y'', ou puisque γ (36) est fonction de ces quantités, cette valeur variera comme l'angle γ, ou suivant que t changera d'inclinaison sur s; mais cette valeur de r doit toujours être réelle, donc $y'' \times y'$ y sera toujours plus petit que $\frac{g^2 z^2}{4(g s' - s'^2)}$, dont le maximum de $y' \times y''$ est ...... $\frac{g^2 \times z^2}{4(g s' - s'^2)}$.

Or, on a vu à l'article 35, que $y' \times y'' = (s^2 - g s) \times \frac{1 - F(\gamma : \pi - \gamma)^2}{F(\gamma : \pi - \gamma)^2}$; on a donc alors $\frac{1 - F(\gamma : \pi - \gamma)^2}{F(\gamma : \pi - \gamma)^2} = \ldots$ $\frac{\frac{g^2 z^2}{4(g s' - s'^2)}}{s^2 - g s}$; c'est précisément la valeur de γ, lorsque r est tangente à une section conique (28).

Ainsi, & réciproquement, dans une section conique quelconque, l'angle formé par la tangente a un point donné de ces courbes, est tel, que le produit des deux perpendiculaires élevées aux extrémités de g, & interceptées par t, est toujours un maximum.

39. Comme cette dernière solution est fondée sur la valeur de t, qui elle-même appartient à une section conique, elle

elle peut sembler indirecte, & fondée sur une considération étrangère ; mais on peut parvenir au même résultat par l'analyse suivante, qui est plus directe & plus générale.

Si on prend, en effet, une droite quelconque q inclinée sur une autre s d'un angle ›, on aura comme à l'article 35, & pour un point quelconque de q,

$$y=(s-s')\times\frac{\sqrt{(1-F^{2}(\text{›}:r-\text{›}))}}{F(\text{›}:r-\text{›})},$$

y, s', étant les deux coordonnées qui déterminent la position de chaque point de q par rapport à l'origine de s.

Ainsi faisant $s'=g$, & $s'=0$, & nommant y', y'' les deux perpendiculaires élevées sur s aux deux points correspondans, qui seront placés à une distance g l'un de l'autre, & $s-g$ du point déterminé par s qui est le sommet de l'angle › (33).

Les rapports $\frac{y''}{s}$, $\frac{y'}{s-g}$ seront chacun égal à la même fonction de › que $\frac{y}{s-s'}$; & on aura $\frac{y''-y}{s'}=\frac{y-y'}{g-s'}$; donc $y''\times(g-s')=gy-s'y'$.

C'est le rapport qui existe entre les perpendiculaires y, y', y'', élevées sur une même ligne s jusqu'à la ligne q, qui fait sur elle un angle ›.

On peut supposer que le point auquel répondent s', y, soit fixe, ensorte que l'angle › variant, y', y'', s varient seuls avec lui ; & si on suppose que $y'\times y''=Y$, & qu'on substitue pour y'' sa valeur $\frac{Y}{y'}$, elle devient

$$Y(g-s')=gyy'-s'y'^{2},$$

d'où on tire la valeur de $y' = \frac{g\,y}{2\,s'} \pm \sqrt{\left(\frac{g^2 y^2}{4\,s'^2} - Y\,\frac{g - s'}{s'}\right)}$, & puiſque cette expreſſion doit toujours être réelle, le maximum de Y ou de $y' \times y''$, y ſera $\frac{g^2 \times y^2}{4\,s'(g - s')}$; d'où on conclura la valeur de s, comme dans l'article précédent.

On voit, au ſurplus, que ſi, dans l'expreſſion ci-deſſus, g^2 eſt plus petit que m^2, elle devient imaginaire, tant que $y' \times y''$ eſt poſitif.

Pour que cette expreſſion ſoit réelle, il faut donc alors que y' ſoit négatif par rapport à y''; alors la quantité $y' \times y''$, contenue ſous le radical devient poſitive; & $\frac{g^2 - m^2}{4}$ eſt ſon minimum, ou plutôt ſon maximum négatif.

Je me ſuis arrêté ſur cette propoſition, parce que c'eſt une nouvelle propriété des ſections coniques, qui vient d'être démontrée dans la *Théorie des fonctions analytiques.* Mais l'auteur y emploie la méthode des maxima & minima, qui eſt ſupérieure aux moyens de l'analyſe ordinaire, & il n'étoit pas inutile de la ramener à l'Algèbre élémentaire, à laquelle toute la théorie des ſections coniques ſemble eſſentiellement appartenir.

40. On pourroit, au ſurplus, au lieu des équations des nos 23 & 24, employer les expreſſions plus ſimples que donnent les deux valeurs de $\frac{p}{m}$, $\frac{n}{m}$, tirées de l'article 14, pour repréſenter les ſections coniques.

Ainſi, puiſque dans ces courbes on a toujours $\frac{p \pm n}{m} = \frac{r}{m}$;

$\frac{g}{m}$ étant une constante quelconque, on aura aussi

$$F(b:c) \pm F(c:b) = \frac{g}{m},$$

c'est l'équation générale de ces courbes entre les deux angles b, c.

On peut en conclure une nouvelle entre une des lignes p, n, & l'angle adjacent, en prenant l'équation (18) $p = n \times F(a:\pi - a) + m\,F(b:\pi - b)$, & substituant pour $\frac{p}{m}$, $F(b:c)$, (14), ce qui donne

$$F(b:c) = \frac{n}{m} \times F(a:\pi - a) + F(b:\pi - b).$$

Mais les deux équations suivantes de l'article 18,

$$n = m\,F(c:\pi - c) + p\,F(a:\pi - a)$$

$$m = p\,F(b:\pi - b) + n\,F(c:\pi - c)$$

donneront . . . . .

$\frac{n}{p} = \frac{m}{p} F(c:\pi - c) + F(a:\pi - a)$ & $\frac{n}{p} \times \frac{n}{m} =$ . . . . $\frac{n}{p} \times F(c:\pi - c) + \frac{p}{m} F(a:\pi - a)$; . . . $\frac{m}{p} =$ . . . $F(b:\pi - b) + F(c:\pi - c)\frac{n}{p}$, donc $F(b:c) =$ . . . $\frac{n^2}{p\,m} + \frac{m}{p} - \frac{2n}{p} \times F(c:\pi - c)$, & puisque $p = g \mp n$; $F(b:c) = \frac{1}{m \times (g \mp n)} \times (n^2 + m^2 - 2\,m\,n\,F(c:\pi - c))$.

Substituant cette valeur dans l'équation ci-dessus, il vient

$\frac{1}{m \times (g \mp n)} \times [n^2 \mp m^2 - 2\,m\,n\,F(c:\pi - c)] \pm$ . . $F(c:b) = \frac{g}{m}$.

Obſervant que $F(c : b) = \frac{n}{n}$, & réduiſant . . . . . $g^2 = \pm 2\,n\,g + m^2 - 2\,m\,n\,F(c : 2 - c)$, d'où on conclura

$$n = \frac{g^2 - m^2}{\pm 2g - 2mF(c : 2 - c)}.$$

C'eſt l'équation générale aux ſections coniques entre l'un des angles c, *& la ligne* n *menée de ce point à chaque point de la courbe.*

L'on y déterminera les ſignes ſuivans que g ſera la ſomme en la différence des deux côtés p, n.

41. Je me ſuis arrêté ſur ces diverſes propriétés de ſections coniques, parce qu'étant plus compliquées que les théorèmes de la Géométrie élémentaire, elles donnent plus d'étendue à l'uſage des formules de l'article 14, & des équations qui en ſont dérivées.

On pourra, au ſurplus, déduire facilement de ces mêmes formules, les théorèmes plus élémentaires ; les procédés qu'il faudra ſuivre étant toujours très-ſimples & indiqués par l'équation elle-même.

Et d'abord, ſi on ſuppoſe $m = 0$, l'équation (a) du n°. 23, devient celle d'une circonférence de cercle (23) ; & la valeur de C trouvée, au n°. 36 ſe réduit alors à $y^2 + s'^2 - g\,s'$.

Ainſi q, r étant les deux ſécantes menées d'un même point, ſous différens angles a une même circonférence, quelque quel que ſoit, pour ce point, y s' y reſtent les mêmes, on a $q' \times q'' = r' \times r'' = y^2 + s'^2 - g\,s'$.

D'où on conclura que *deux sécantes menées d'un même point à une même circonférence, sont réciproquement proportionnelles à leurs parties extérieures.*

Si on souppose que l'une des sécandes q devienne tangente, la même équation subsiste, & les deux valeurs de q se réunissent alors en une seule, elle devient $q^2 = r' \times r''$, *donc la tengente sera moyenne proportionnelle entre la sécante menée du même point & sa partie extérieure.*

Enfin, si s est plus petit que g, & que y soit dans l'intérieur de la circonférence, les lignes q, r, seront alors deux cordes qui se coupent à l'extrémité de y; & puisqu'elles sont aussi données par la même valeur de C, on pourra généralement conclure que *deux cordes qui se coupent dans un cercle, & sous quelque angle que ce soit, se coupent toujours en raison réciproque.*

C'est à quoi se réduisent les lignes proportionnelles, considérées dans le cercle.

42. On conclura avec la même facilité des formules de l'article 14, les diverses propriétés du triangle rectangle, qui sont démontrées dans la Géométrie élémentaire.

Si on reprend, en effet, les deux équations du n°. 17, $\frac{a'}{p} = F(b : a')$; $\frac{m - m}{n} = F(c : a')$; on a entre a'', z, l'équation (20) $z = 2x - a'' - c$, ... z étant indéterminée; si donc on y fait $z = x$, il vient $a'' = x - c$; .. $a' = a - a'' = a + c - x$; & alors q est perpendiculaire sur m, comme on l'a vu plus haut, & comme le prouve, d'ailleurs, la valeur de q, article 20, $\frac{q}{n} = F\,(a'' : c)$, qui devient alors . . . $\frac{q}{n} = F\,(\tau - c : c)$; c'est l'expression trouvée à l'article 26, pour la perpendiculaire abaissée de l'extrémité d'une ligne sur une autre, qui fait avec celle-ci l'angle c.

Si on suppose, de plus, que le triangle de l'article 9 soit rectangle en a, on a aussi $a = \tau$, $b + c = \tau$, & $a' = c$; $a'' = b$; donc il vient $\frac{m'}{p} = F\,(b : a') = F\,(b : c) = \frac{p}{m}$; & $\frac{m - m'}{n} = F\,(c : a'') = F\,(c : b) = \frac{n}{m}$; . . . donc (14), les deux triangles partiels formés par m', q, p; $m - m'$, q, n; sont semblables entre eux & au grand triangle formé, comme à l'article cité par les lignes m, n, p.

Donc tout triangle rectangle est divisé par la perpendiculaire abaissée de l'angle droit, en deux triangles qui lui sont semblables.

Et puisqu'alors, comme on l'a vu article 33, ... $m \times r = q^2 + r^2$; . . . $q^2 = m\,r - r^2 = (m - m')\,m'$; *ainsi la perpendiculaire* q *est moyenne proportionnelle entre les deux segmens* m *&* m' — m'.

De plus, les deux équations $\frac{m'}{p} = \frac{p}{m}$; $\frac{m - m'}{n} = \frac{n}{m}$, donneront ces deux-ci, $p^2 = m \times m'$; $n^2 = m \times (m - m')$.

Donc enfin, chaque côté p, n, *est moyen proportionel entre le côté* m, *& le segment adjacent* (17) m', m—m', *formé par* q *sur cette ligne.*

On voit facilement comment on obtiendra, par des procédés analogues, les autres théorèmes de la Géométrie élémentaire qui sont relatifs à ceux-ci. Comme les formules du n°. 14 les donneront toujours d'une manière très-simple, il seroit inutile de s'y arrêter plus long-temps.

43. Considérons un polygone formé d'un nombre quelconque de côtés

$m, \; n, \; p, \; q, \; s, \; t,$ &c.

$a, \; b, \; c, \; d, \; e, \; f,$ &c. étant les angles compris entre ces lignes, ensorte que m, n, forment entre eux l'angle a . . . [illegible], p l'angle b, & ainsi des autres.

On pourra toujours considérer deux quelconques de ces côtés, & l'angle compris comme formant un triangle qui sera dès-lors déterminé (15), les deux angles & le côté qui reste étant donnés par les équations du n°. 14.

Ainsi les deux lignes n, p, & l'angle compris b, peuvent être considérées comme formant un triangle tel, que si on nomme r son troisième côté, a', [illegible], ses deux autres angles, a' étant opposé à p, on a, comme au n°. 11,

$\left.\begin{matrix} n, & p, & r \\ [illegible], & a', & b \end{matrix}\right\}$ & $\frac{n}{r} = F(b : [illegible])$; $\frac{r}{p} = F([illegible] : b)$,

a' étant donné par l'équation, $a' = 2$ [illegible] $- b -$ [illegible].

Puisque [illegible] est l'angle entre p, r; $c -$ [illegible] sera l'angle entre q, r, ainsi on pourra aussi déterminer comme ci-dessus, & par ces trois nouvelles quantités, un second triangle

$\left.\begin{matrix} r, & q, & r' \\ [illegible]', & [illegible], & c - [illegible] \end{matrix}\right\}$ & $\frac{r}{q} = F(c -$ [illegible] : [illegible]$')$; $\frac{r'}{q} = F($[illegible]$' : c -$ [illegible]$)$; . . . .

l'angle a'' étant auſſi donné par l'équation $a''=2\varpi-c+\varepsilon-\varepsilon'$.

Et on voit par analogie qu'en nommant r'', r''', &c. ; les droites menées ſucceſſivement comme r, r', on aura une ſuite de triangles.

$$\left.\begin{matrix} r', & s, & r'', \\ \varepsilon'', & a'', & d-\varepsilon' \end{matrix}\right\} \frac{r'}{s}=F\,(d-\varepsilon':\varepsilon'')\,;\ \frac{r''}{s}=F\,(\varepsilon'':d-\varepsilon')$$

$$\&\ a'''=2\varpi-d+\varepsilon'-\varepsilon'',$$

$$\left.\begin{matrix} r'', & t, & r''' \\ \varepsilon''', & a''', & e-\varepsilon'' \end{matrix}\right\} \frac{r''}{t}=F\,(e-\varepsilon'':\varepsilon''')\,;\ \frac{r'''}{t}=F\,(\varepsilon''':e-\varepsilon'')\,;$$

$$\&\ a''''=2\varpi-e+\varepsilon''-\varepsilon'''.$$

Où l'on voit que les angles a', a'', a''', &c. ſont tous oppoſés aux côtés p, q, s, t, & conſéquemment pris au même point a ; enſorte qu'on a

$$a=a'+a''+a'''+a''''+\&c.$$

Si t eſt le dernier côté du polygone, t, m formeront entre eux, par ſuppoſition, l'angle f ; donc en prenant $r'''=m$, on aura auſſi $\varepsilon'''=f$; ſi donc dans l'expreſſion trouvée pour a, on ſubſtitue pour a', a'', a''', & leurs valeurs $2\varpi-b-\varepsilon$; . . . . $2\varpi-c+\varepsilon-\varepsilon'$, & on a en obſervant que les quantités ε, ε', ε'', ſe détruiſent mutuellement, & qu'il ne reſte dans cette expreſſion que la quantité ε''' qui eſt égale à f,

$$a+f=\overline{2\varpi-b}+\overline{2\varpi-c}+\overline{2\varpi-d}+\&c.\ \text{donc}$$

$$4\varpi=\overline{2\varpi-a}+\overline{2\varpi-b}+\overline{2\varpi-c}+\&c.\ldots+\overline{2\varpi-f}.$$

C'eſt la valeur de la ſomme des angles extérieurs d'un polygone quelconque.

Et

Et puisque le second membre de cette équation contient autant de fois 2π qu'il y a d'angles a, b, c, d, &c. . . . si le nombre de ces angles est n, on a

$a + b + c + \&c. \ldots \ldots + f = 2n\pi - 4\pi = (n-2) \times 2\pi$.

C'est la valeur de la somme des angles a, b, c, *& d'un polygone quelconque.*

44. On voit facilement que si on suppose un autre polygone formé des quantités

m', n', p' q', s', &c.

a', b', c', d', e', &c.

& qu'on substitue ρ, ρ', ρ'', &c. pour r, r', r'', &c.; & $\varepsilon, \varepsilon', \varepsilon''$ pour η, η', η'', &c. on aura entre ces nouvelles quantités, & par les mêmes procédés, les mêmes équations que celles du n°. précédent.

Si on suppose donc que ces polygones soient semblables, ensorte que $a = a'$, $b = b'$, $c = c'$, &c. . . . & que $\frac{m}{m'} = \frac{n}{n'} = \frac{p}{p'} = \frac{q}{q'}$, &c. . . . on aura la suite d'équations $\frac{n}{p} = F(b:\eta)$; $\frac{n'}{p'} = F(b:\varepsilon)$; . . . . $\frac{r}{p} = F(\eta:b)$; . . . . $\frac{\rho}{p'} = F(\varepsilon:b)$; . . . $\frac{r}{q} = F(c-\eta:\eta')$; $\frac{\rho}{q'} = F\,c-\varepsilon:\varepsilon')$; . . . . . $\frac{r'}{q} = F(\eta':c-\eta)$; $\frac{\rho'}{q'} = F(\varepsilon':c-\varepsilon)$; &c.

Mais par supposition $\frac{n}{n'} = \frac{p}{p'}$, donc $\frac{n}{p} = \frac{n'}{p'}$; . . . . . . $F(b:\eta) = F(b:\varepsilon)$, $\eta = \varepsilon$, & enfin $\frac{r}{p} = \frac{\rho}{p'}$.

De plus, puisque $\frac{p}{p'} = \frac{q}{q'}$, on aura aussi $\eta' = \varepsilon'$, &

$\frac{r'}{q} = \frac{\rho'}{q'}$; on trouveroit de la même manière que $\frac{r''}{s} = \frac{\rho''}{s'}$;... $\frac{r'''}{t} = \frac{\rho'''}{t'}$, &c.

D'où on conclura (14) que les lignes r, r' r'', &c. ρ, ρ', ρ'', &c. *partageront les deux polygones en un même nombre de triangles semblables.*

Réciproquement, si on suppose que $\frac{r}{p} = \frac{\rho}{p'}$; ..... $\frac{r'}{q} = \frac{\rho'}{q'}$; &c. & $\frac{r}{q} = \frac{\rho}{q'}$; $\frac{r'}{s} = \frac{\rho'}{s'}$, on aura de même .... $\frac{p}{p'} = \frac{q}{q'} = \frac{s}{s'}$, &c. & $a = a'$, $b = b'$ &c. ... *Ainsi, si les lignes* r, r', r'', *&c.* ρ, ρ' ρ'', *&c.; semblablement menées dans les deux polygones, y forment des triangles semblables, ces polygones seront aussi semblables entre eux.*

De-là on conclura les rapports entre les contours & les côtes homologues des figures semblables, & les propositions qui en dépendent.

45. On déduira de la même manière les propriétés du polygone régulier, en supposant que dans les équations du n°. 43, les quantités m, n, p, & a, b, c soient égales entre elles.

46. On a vu, au surplus, suffisamment par les applications précédentes, quel est l'usage des diverses formules des articles 16 & 17 pour la démonstration des propositions élémentaires de la Géométrie; les théorèmes les plus simples une fois démontrés, ceux qui en dépendent

le feront toujours aifément par les mêmes équations qui ont donné la démonftration de ceux-ci.

Sans nous arrêter plus long-temps fur les applications de ce genre, nous obferverons que les équations des n°s. 16 & 17 pourront auffi conduire à déterminer la nature des fonctions qui ont été défignées par le figne F.

En reprenant, en effet, les équations du n°. 16, on a vu à l'article cité, que a, b, étant deux angles quelconques, F en défigne une telle fonction, que l'on a les deux équations

$$F(a:b)=\frac{1}{F(a:2\pi-(a+b))}\,;\quad \frac{F(a:b)}{F(b:a)}=F(2\pi-(a+b):b).$$

Si donc on fuppofe dans la première équation $a=\pi$, b reftant indéterminé, on a . . $F(\pi:b)\times F(\pi:\pi-b)=1$, & par un procédé analogue, on auroit auffi . . . . . . $F(b:\pi)\times F(b:\pi-b)=1$.

Ainfi, pour plus de généralité, défignant par μ un angle quelconque, qui ne puiffe être plus grand que π (17), on a par la nature de la fonction F, ces deux équations,

$$(1)\quad F(\pi:\mu)\times F(\pi:\pi-\mu)=1.$$

$$(2)\quad F(\mu:\pi)\times F(\mu:\pi-\mu)=1.$$

La feconde équation donnera, par des fubftitutions analogues, celle-ci, $\frac{F(\pi:\mu)}{F(\mu:\pi)}=F(\pi-\mu:\mu)$, & mettant pour $F(\mu:\pi)$, fa valeur $\frac{1}{F(\mu:\pi-\mu)}$ tirée de l'équation (2) ci-deffus.

$$(3) \quad F(\pi:\mu) = \frac{F(\pi-\mu:\mu)}{F(\mu:\pi-\mu)}.$$

Si on reprend de plus l'équation (1) n°. 17,

$$F(\mu:\nu+\rho) = F(\mu:\nu) + F(2\pi-(\mu+\nu+\rho):\rho)\, F(\nu+\rho:\mu),$$

dans laquelle, comme on l'a vu à l'article cité, μ, ν, ρ, sont arbitraires, on y peut faire $\nu+\rho=\pi$, $\rho=\mu$, elle devient alors, en divisant par $F(\mu:\pi)$,

$$\frac{F(\mu:\pi-\mu)}{F(\mu:\pi)} + F(\pi-\mu:\mu)\, \frac{F(\pi:\mu)}{F(\mu:\pi)} = 1.$$

En y substituant pour $\frac{F(\pi:\mu)}{F(\mu:\pi)}$; $F(\pi-\mu:\mu)$, & pour . . . $\frac{1}{F(\mu:\pi)}$ . . . $F(\mu:\pi-\mu)$, elle devient,

$$(4) \quad F^2(\mu:\pi-\mu) + F^2(\pi-\mu:\mu) = 1.$$

On eût pu, dans cette même équation, substituer pour $F(\mu:\pi-\mu)$; $\frac{1}{F(\mu:\pi)}$, & pour $F(\pi-\mu:\mu)$; $\frac{F(\pi:\mu)}{F(\mu:\pi)}$, elle devient alors

$$(5) \quad F^2(\mu:\pi) = 1 + F^2(\pi:\mu).$$

L'équation I de l'article 17, en y mettant π pour ρ, & faisant $\nu = 0$, donne aussi $F(\mu:\pi) = F(\pi-\mu:\pi) \times F(\pi:\mu)$, & $F(\pi:\mu) = \frac{F(\mu:\pi)}{F(\pi-\mu:\mu)}$; substituant cette valeur dans l'équation (5), elle devient $F^2(\mu:\pi) = 1 + \frac{F^2(\mu:\pi)}{F^2(\pi-\mu:\mu)}$, qui donne,

$$(6) \quad F^2(\mu:\pi) = \frac{F^2(\pi-\mu:\pi)}{F^2(\pi-\mu:\pi)-1}.$$

46. Ces diverses formules contiennent toutes celles de la Trigonométrie, & les rapports entre elles de différentes fonctions d'un même angle qu'on y emploie.

Elle peuvent, de plus, servir à déterminer sous une nouvelle forme plus précise, la manière dont F est fonction de la quantité contenue sous ce signe.

Il suffira, pour cela, de prendre celle de ces équations qui contient sous le signe F les quantités $\mu, \pi; \ldots \pi - \mu; \pi;$ dans le même ordre, l'une de ces fonctions étant supposée donnée, l'autre le sera en effet par celle-ci, en y substituant $\pi - \mu$ pour μ, & cette équation ne contiendra plus qu'une seule fonction F de μ seul, d'où on en pourra conclure la valeur.

Prenant donc l'équation 6 (45), & renversant ses termes, on la mettra sous cette forme,

$$\frac{1}{F^2(\mu : \pi)} + \frac{1}{F^2(\pi - \mu : \pi)} = 1,$$

dans laquelle on observera que des deux quantités qui y sont contenues sous le signe F, l'une est μ, π; l'autre $\pi - \mu$, π, ensorte que l'une de ces fonctions étant supposée donnée, l'autre le sera par la simple substitution de $\pi - \mu$, pour μ.

Si on prend les deux facteurs du premier membre de cette équation, on a

$$\left(\frac{1}{F(\mu : \pi)} + \frac{\sqrt{-1}}{F(\pi - \mu : \pi)}\right) \times \left(\frac{1}{F(\mu : \pi)} - \frac{\sqrt{-1}}{F(\pi - \mu : \pi)}\right) = 1,$$

& on peut observer qu'il est toujours possible de satisfaire à cette équation en prenant

$$\frac{1}{F(\mu : \pi)} + \frac{\sqrt{-1}}{F(\pi - \mu : \pi)} = A\, e^{M},$$

$$\frac{1}{F(\mu : \pi)} - \frac{\sqrt{-1}}{F(\pi - \mu : \pi)} = B\, e^{-M},$$

M étant une fonction de μ, e le nombre dont le logarithme est l'unité, & A, B, deux constantes quelconques, telles, que l'on ait $A \times B = 1$.

On tire de ces équations,

$$\frac{1}{F(\mu:\pi)} = \frac{A e^{M} + B e^{-M}}{2}; \ldots \frac{1}{F(\pi-\mu:\mu)} = \frac{A e^{M} - B e^{-M}}{2\sqrt{-1}};$$

mais $\frac{1}{F(\pi-\mu:\pi)}$ est ce que devient $\frac{1}{F(\mu:\pi)}$, en y mettant $\pi-\mu$ pour μ; supposons que par cette substitution, M devienne $P - M$, P étant ce que devient M, en y substituant π pour μ; & on pourra toujours satisfaire à cette condition en prenant $M = m\mu$, m étant un nombre quelconque, alors $P = m\pi$, &

$$\frac{1}{F(\mu:\pi)} = \frac{A e^{m\mu} + B e^{-m\mu}}{2}; \quad \frac{1}{F(\pi-\mu:\pi)} = \frac{A e^{m\mu} - B e^{-m\mu}}{2\sqrt{-1}};$$

& puisque $\frac{1}{F(\mu:\pi)} = F(\mu:\pi-\mu)$, (2) article 45, devient nul si $\mu=\pi$ (19); on a

$$A e^{m\pi} + B e^{-m\pi} = 0; \quad A e^{2m\pi} = -B; \quad \& \; A^2 \times e^{2m\pi} = -1;$$

en substituant pour B, sa valeur $\frac{1}{A}$.

Mais en mettant dans la première de ces équations $\pi-\mu$ pour μ, on a aussi $\frac{1}{F(\pi-\mu:\mu)} = \frac{A e^{2m\pi} \times e^{-m\mu} + B e^{m\mu}}{2 e^{m\pi}} =$ $\frac{-A e^{2m\pi} e^{m\mu} - B e^{-m\mu}}{2 e^{m\pi}}$; on a donc, quel que soit μ, & en comparant ces deux valeurs des $\frac{1}{F(\pi-\mu:\pi)}$; ....

$$\frac{Ae^{m\mu} - Be^{-m\mu}}{2\sqrt{-1}} = \frac{-Ae^{2m\pi}e^{m\mu} - Be^{-m\mu}}{2e^{m\pi}};$$

équation à laquelle on pourra toujours satisfaire, en prenant $A = 1$; ce qui donne $B = 1, \ldots e^{2m\pi} = -1$; & $e^{m\pi} \quad \sqrt{-1}$.

D'ailleurs, puisque $e^{2m\pi} = -1$, on aura en passant des logarithmes aux nombres, $m = \frac{\log. -1}{2\pi}$, donc m est imaginaire; faisant donc $m = \sqrt{-1}$, & substituant dans les expressions ci-dessus, $A = B = 1$, on a en général,

$$\frac{1}{F(\pi - \mu\pi)} = F(\pi - \mu : \mu) = \frac{e^{\mu\sqrt{-1}} - e^{-\mu\sqrt{-1}}}{2\sqrt{-1}},$$

$$\frac{1}{F(\mu : \pi)} = F(\mu : \pi - \mu) = \frac{e^{\mu\sqrt{-1}} + e^{-\mu\sqrt{-1}}}{2}.$$

De ces équations on conclura aisément la valeur de μ en $F(\pi - \mu : \mu)$ & $F(\mu : \pi - \mu)$.

47. Si dans le triangle de l'article 9, on suppose $c = \pi$, ce qui donne $a + b = \pi$, & $b = \pi - a$, on a, en substituant ces valeurs dans la première & la troisième des équations, A, n°. 14, .. $\frac{m}{p} = F(\pi - a : a)$; $\frac{n}{p} = F(a : \pi - a)$, & comme on l'a vu à l'article 26, tant que a reste le même, ces rapports sont constans, quoique m, n, p varient.

Mais on peut dans ce même triangle supposer que a variant d'une manière quelconque, l'une des lignes m, n, p reste toujours la même.

Si on ſuppoſe, par exemple, que p qui eſt oppoſé à l'angle droit c, (11) conſerve la même valeur, quelle que ſoit celle de l'angle a, on pourra (25) regarder p comme le rayon d'un cercle dont le centre eſt au point a; & ſi, pour ſimplifier, on fait $p = 1$, on aura

$$m = F(\pi - a : a); \quad n = F(a : \pi - a);$$

où l'on voit que les droites m, n, ſeront toujours égales à des fonctions ſemblables de a, $\pi - a$, quel que ſoit a.

Mais, par ſuppoſition, m, n, forment entre eux l'angle c (11), donc m eſt perpendiculaire ſur n, & oppoſé à l'angle a; ainſi on pourra exprimer $F(\pi - a : a)$ par la perpendiculaire m oppoſée à a, & $F(a : \pi - a)$ par celle n oppoſée à $\pi - a$; ce ſont ces lignes qu'on a nommé le ſinus & le coſinus de l'angle a; on a donc, en partant de ces définitions,

$$m = \mathit{ſin.}\, a = F(\pi - a : a), \quad n = \mathit{coſ.}\, a = F(a : \pi - a),$$

& $\frac{n}{m} = \frac{F(\pi - a : a)}{F(a : \pi - a)} = F(\frac{\pi}{2} : a) = \text{tang. } a$; on aura de la même manière, les autres lignes qui ſont l'objet de la Trigonométrie rectiligne.

48. En ſubſtituant dans les diverſes équations du n°. 45, les valeurs des fonctions F, en ſin. a, coſ. a, tang. a, on aura avec la plus grande facilité, les propriétés principales de ces lignes.

Ainſi, l'équation quatre de l'article cité donnera d'abord celle entre le ſinus & le coſinus d'un même angle, qui eſt au au surplus une conséquence de la propriété du triangle rectangle démontrée au n°. 19.

Puisque cos. μ = F ($\mu : \pi - \mu$), on a, en mettant pour μ, $\pi - (\pi - \mu)$; cos. μ = F ($\pi - (\pi - \mu) : \pi - \mu$) = sin. ($\pi - \mu$), *donc le cosinus d'un angle est égal au sinus du complément de cet angle.*

Si on suppose $\mu = \pi$, on a tang. π = F ($\pi : \pi$) = ... $\frac{1}{F(\pi : o)} = \frac{1}{cos.\ \pi}$; de plus, cos. π = o (19) ; delà & de l'équation sin. π = cos. o, on conclura les valeurs des sinus, cosinus & tangentes pour o, & π, si $\mu = \frac{\pi}{2}$; on a sin. $\frac{1}{2}\pi$ = cos. $\frac{1}{2}\pi$; donc sin. $\frac{1}{2}\pi = \frac{1}{\sqrt{2}}$, & tang. $\frac{1}{2}\pi$ = 1.

On voit assez, par ces exemples, comme on pourra trouver les autres valeurs des sinus & cosinus pour des angles déterminés.

49. En reprenant l'équation F ($\mu + \rho : \mu$) = $\frac{F(\nu : \mu)}{F(\rho : 2\pi - (\mu + \nu + \rho))}$, on y peut, comme au n°. 18, supposer $\mu = a$, $\nu = \pi - a$, $\rho = \pi - b$, a, b étant les deux angles d'un triangle dont le troisième $c = 2\pi - (a + b) = \nu + \rho$, cette substitution donnera F ($c : a$) = $\frac{F(\pi - a : a)}{F(\pi - b : b)} = \frac{\text{sin. } a}{\text{sin. } b}$; mais en conservant les dénominations de l'article 11, F ($c : a$) = $\frac{m}{n}$, donc $\frac{m}{n} = \frac{\text{sin. } a}{\text{sin. } b}$; m, n, étant (11) les deux côtés opposés aux angles a, b, d'où on conclura ce théorême fondamental *que les côtés d'un triangle sont entre eux comme les sinus des angles opposés.*

50. Les équations du n°. 17 donnent aiſément les autres propoſitions de la Trigonométrie, celle des ſinus & coſinus de deux angles ſe trouve en mettant dans l'équation I, n°. 6, $\varpi - \nu$ pour μ, & ſubſtituant pour $F(\nu+\rho : \varpi-\nu)$ ſa valeur tirée du n°. précédent $\frac{F(\nu : \varpi-\nu)}{F(\rho : \varpi-\rho)} = \frac{\text{coſ. } \nu}{\text{coſ. } \rho}$, elle devient alors $F(\varpi-\nu : \nu+\rho) = \frac{\text{ſin. } \nu,\ \text{coſ. } \rho + \text{ſin. } \rho,\ \text{coſ. } \nu}{\text{coſ. } \rho}$; mais on a auſſi $F(\varpi-\nu : \nu+\rho) = F(\varpi-(\nu+\rho)+\rho : \nu+\rho) = \frac{F(\varpi-(\nu+\rho) ; \nu-\rho)}{F(\rho : \varpi-\rho)} =$ & n°. 47, $F(\varpi-(\nu+\rho) : \nu+\rho) = \ldots$ ſin. $(\nu+\nu)$, ce qui donne

$$\text{ſin. } (\nu+\rho) = \text{ſin. } \nu \ \text{coſ. } \rho + \text{ſin. } \rho \ \text{coſ. } \nu.$$

On auroit de même $F(\nu+\rho : \varpi-\nu) = \ldots\ldots\ldots\ldots$ $F(\nu+\rho : \varpi-(\nu+\rho)+\rho) = F(\nu+\rho : \varpi-(\nu+\rho)) + \ldots$ $F(\varpi-\nu : \nu+\rho)$ ſin. ρ, mais $F(\nu+\rho : \varpi-(\nu+\rho)) = \ldots$ coſ. $(\nu+\rho)$, (47); ſubſtituant cette valeur, & celle trouvée plus haut pour $F(\varpi-\nu : \nu+\rho)$, & coſ.^{2} ρ pour $1 -$ ſin.^{2} ρ, il vient

$$\text{coſ. } (\nu+\rho) = \text{coſ. } \nu \ \text{coſ. } \rho - \text{ſin. } \nu \ \text{ſin. } \rho.$$

On trouveroit de la même manière les autres ſinus & coſinus des angles multiples, & ceux de la différence de deux arcs; & celles-ci donneront les expreſſions analogues pour les tangentes, expreſſions qu'on eût pu directement conclure des mêmes formules.

51. En ſubſtituant dans les équations du n°. 46 les valeurs de $F(\varpi-\mu : \mu)$, & celle de $F(\mu : \varpi-\mu)$, on a

$$\text{sin.}\,\mu = \frac{e^{\mu\sqrt{-1}} - e^{-\mu\sqrt{-1}}}{2\sqrt{-1}}\,;\ \text{cos.}\,\mu = \frac{e^{\mu\sqrt{-1}} + e^{-\mu\sqrt{-1}}}{2}.$$

Ce ſont les expreſſions connues des ſinus & coſinus d'un arc en exponentielles.

On pourra, par le développement des quantités $e^{\mu\sqrt{-1}}$, $e^{-\mu\sqrt{-1}}$, conclure les ſéries qui donnent la valeur du ſinus & conſinus par l'arc lui-même.

On auroit pu auſſi conclure directement ces ſéries elles-mêmes de l'équation b du n°. 45, & en employant une marche analogue à celle que nous avons employée au n°. 46, cette méthode a, comme on l'a vu, cet avantage que, quoiqu'elle ne ſoit pas fondée ſur les nouveaux calculs, elle eſt débarraſſée des conſidérations de l'infini qu'Euler y avoit employé.

52. L'équation du n°. 49, $F(c:a) = \frac{\text{ſin.}\,a}{\text{ſin.}\,b}$: a, b, c, étant les trois angles d'un triangle quelconque, fournit par analogie un moyen ſimple de déterminer en ſinus & coſinus toutes les fonctions qui ont été déſignées par le ſigne F, en diviſant le ſinus du ſecond angle contenu ſous ce ſigne, par celui de la différence à 2ϖ de la ſomme des deux angles qui y ſont contenus.

Ainſi, ſi l'on veut réduire de cette manière les fonctions de a, t, employées au n°. 27, on aura

$A = F(\varpi - (a+t); t) = \frac{\text{ſin.}\,t}{\text{ſin.}(\varpi + a)} = \frac{\text{ſin.}\,t}{\text{coſ.}\,a}$, &c. en observant que $F(t:\pi-(a+t))=\frac{\text{sin.}(\pi-(a+t))}{\text{cos.}\,a}=\frac{\text{cos.}\,(a+t)}{\text{cos.}\,a}$; on a de même $C=F(\pi-(a+t):t)+2F(t:\pi-(a+t))\times F(\pi-a:a)$; $=\frac{\text{sin.}\,t}{\text{cos.}\,a}+2\,\text{sin.}\,a\frac{\text{cos.}\,(a+t)}{\text{cos.}\,a}$; & puisque . . cos. $(a+t)=$ cos. a, cos. t — sin. a, sin. t, il vient

$$C=\frac{\text{sin.}\,t}{\text{cos.}\,a}\times(1-2\,\text{sin.}^2\,a)+2\,\text{sin.}\,a\,,\,\text{cos.}\,a\,,\,\text{cos.}\,t\,;$$

mais comme on le déduit des formules trouvées au n°. 49, cos. $2a=1-2$ sin.$^2\,a$; sin. $2a=2$ sin. a, cos. a, on a donc $C=\frac{\text{sin.}\,t\,,\,\text{cos.}\,2a+\text{cos.}\,t\,,\,\text{sin.}\,2a}{\text{cos.}\,a}=\frac{\text{sin.}\,(t+2a)}{\text{cos.}\,a}$; substituant donc ces valeurs de A, C, dans l'équation de l'article 27, on a pour les sections coniques,

$$y^2=\frac{\text{sin.}\,t}{\text{cos.}^2\,a}\times(2\,m\,p\,\text{cos.}\,a-p^2\,\text{sin.}\,(t+2a)),$$

dans laquelle, & par les différentes valeurs qu'on y donnera à l'angle t, on déterminera, comme on fait, les différentes espèces de ces courbes.

53. Nous aurions pu, en suivant une marche analogue, étendre l'application de cette méthode à la démonstration des deux autres parties de la Géométrie sur les surfaces & les solides; mais cet ouvrage eût passé alors, par son étendue, les bornes que nous nous sommes prescrites.

54. Notre but étoit de faire voir comment, à l'aide de la simple considération du triangle, & des rapports généraux qui doivent exister entre les quantités qui le composent, on peut déterminer toutes les propriétés de ces

figures, celles des polygones, du cercle & des autres courbes qui sont l'objet de la Géométrie élémentaire ; & enfin, comment on peut déduire de ces mêmes rapports les formules de la Trigonométrie, & les expressions en séries des sinus & cosinus d'un arc. C'est au Lecteur à juger jusqu'à quel point nous sommes parvenus à remplir cet objet.

FIN.